+

= 2

= **3**

$+$

$= 4$

+

=

5

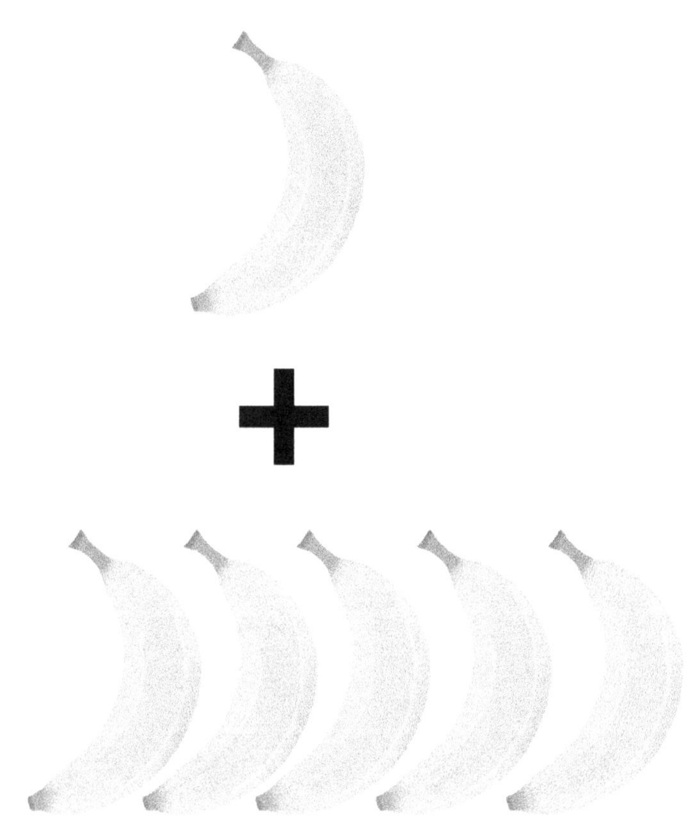

$$+$$

$$= \mathbf{6}$$

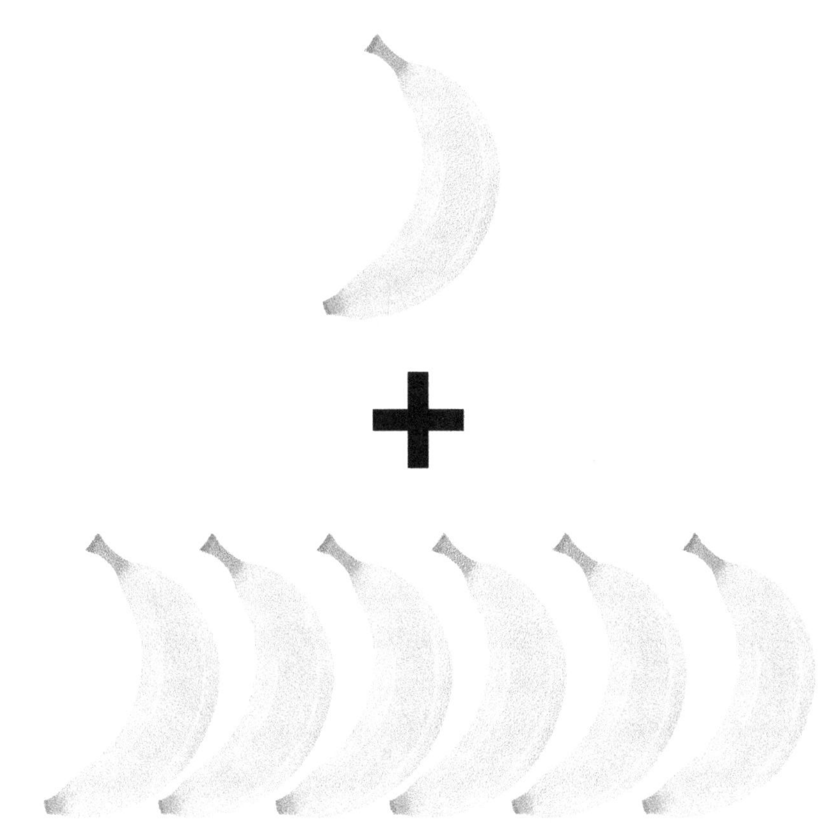

$$+$$

$$= 7$$

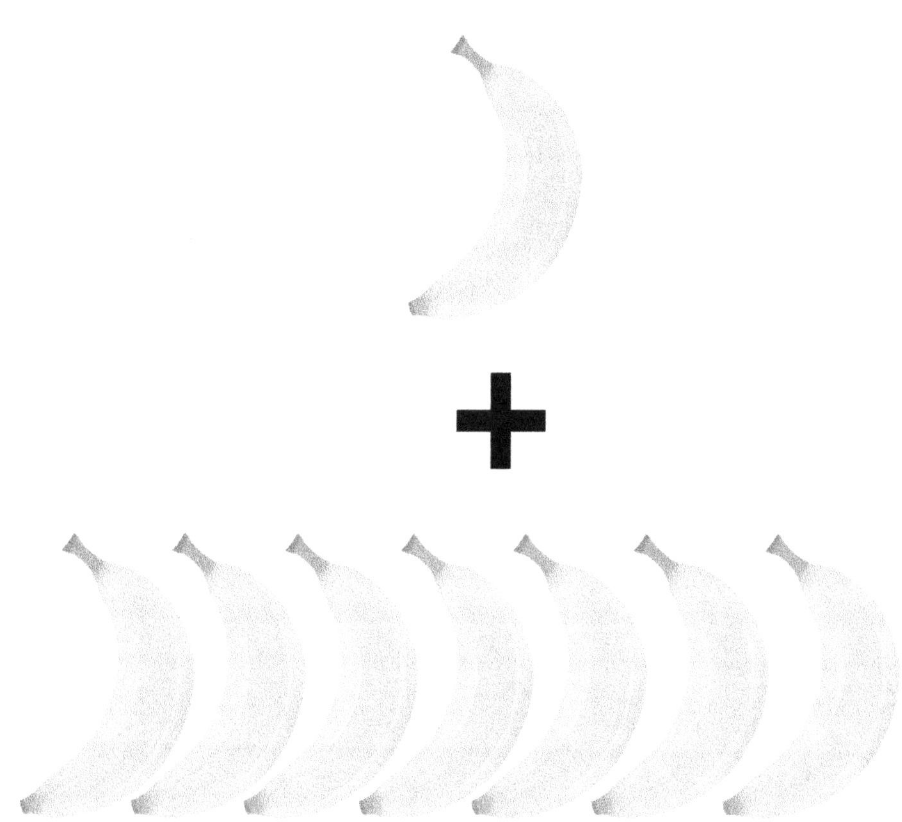

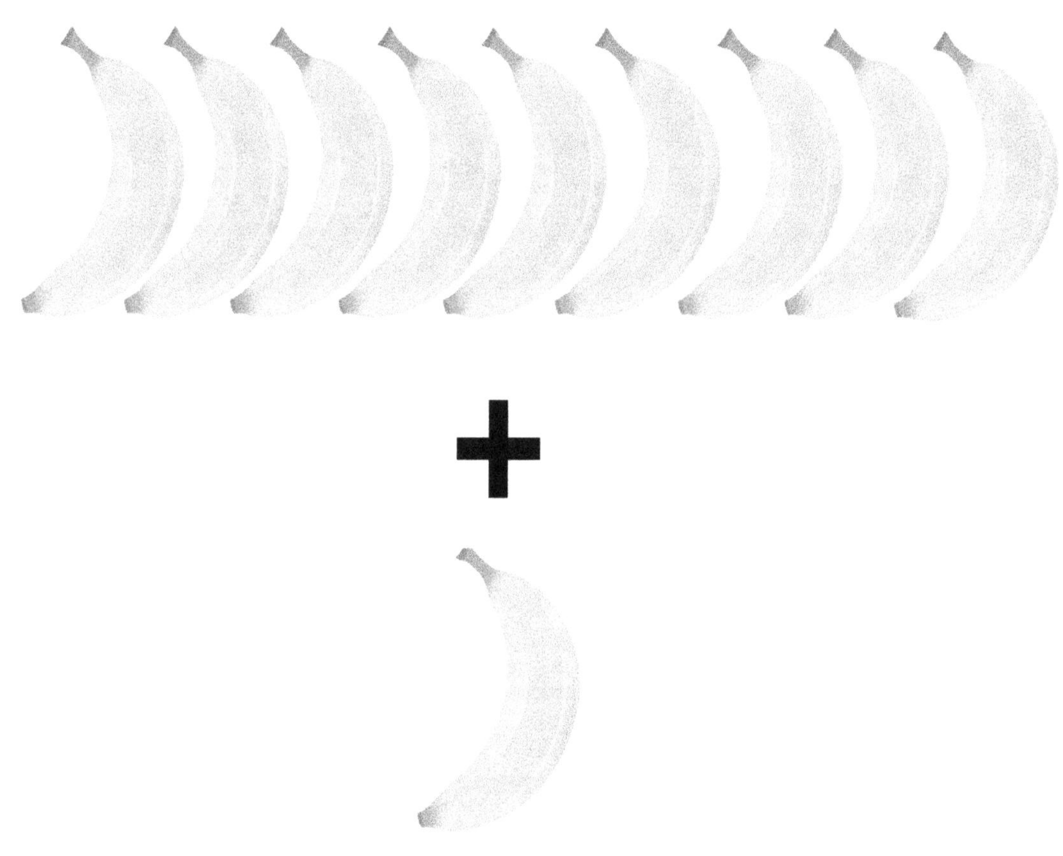

$$= 1$$

$$- = 2$$

$$- = 3$$

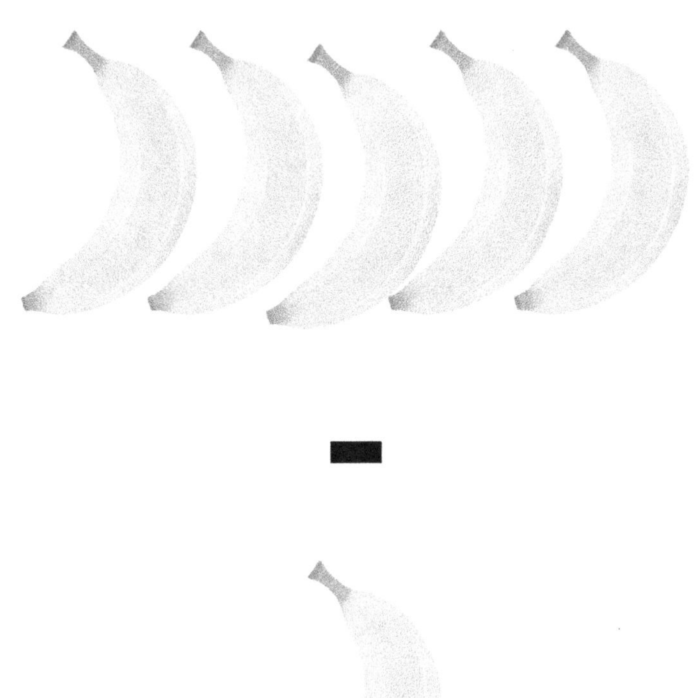

\-

\=

4

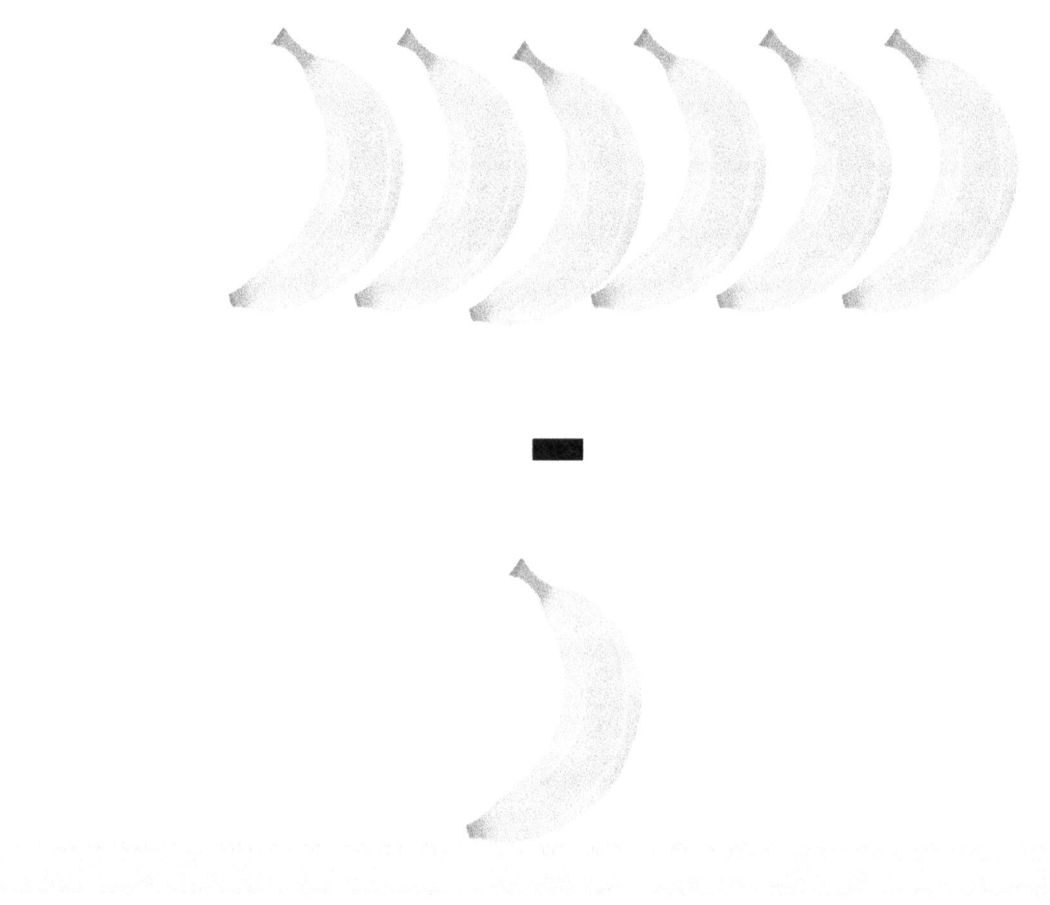

$$- \quad = \quad 5$$

-

-

= 7

−

= 9

x

=

1

= 2

X

= 5

X

= 6

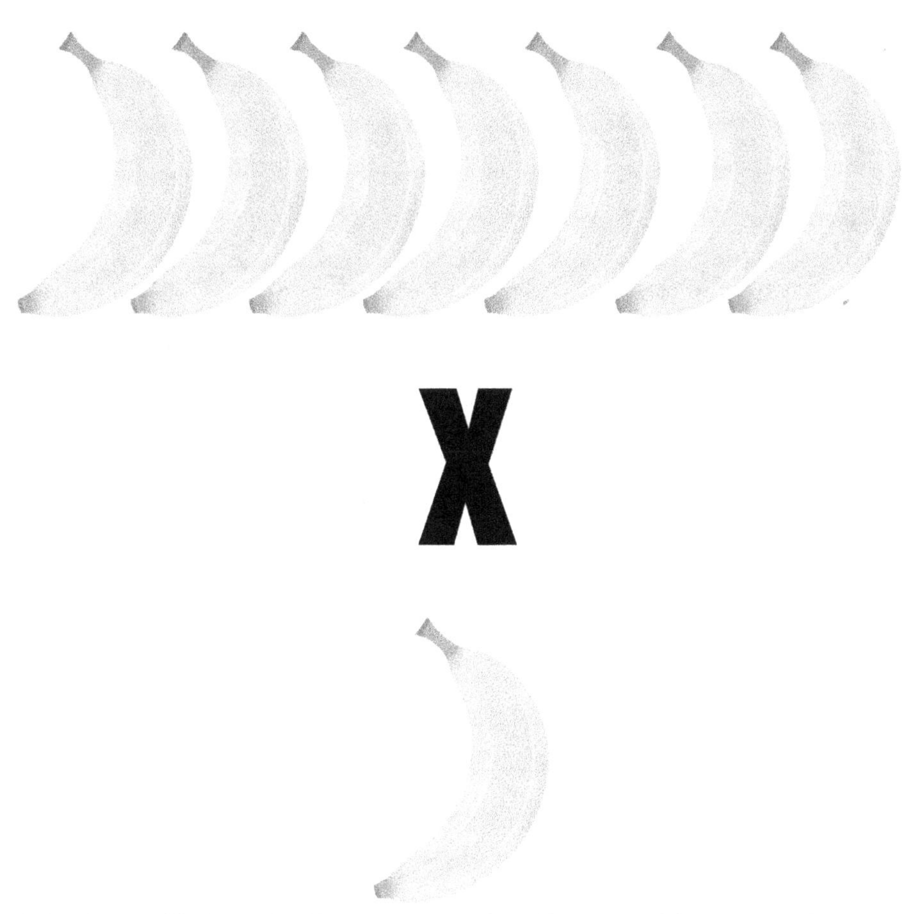

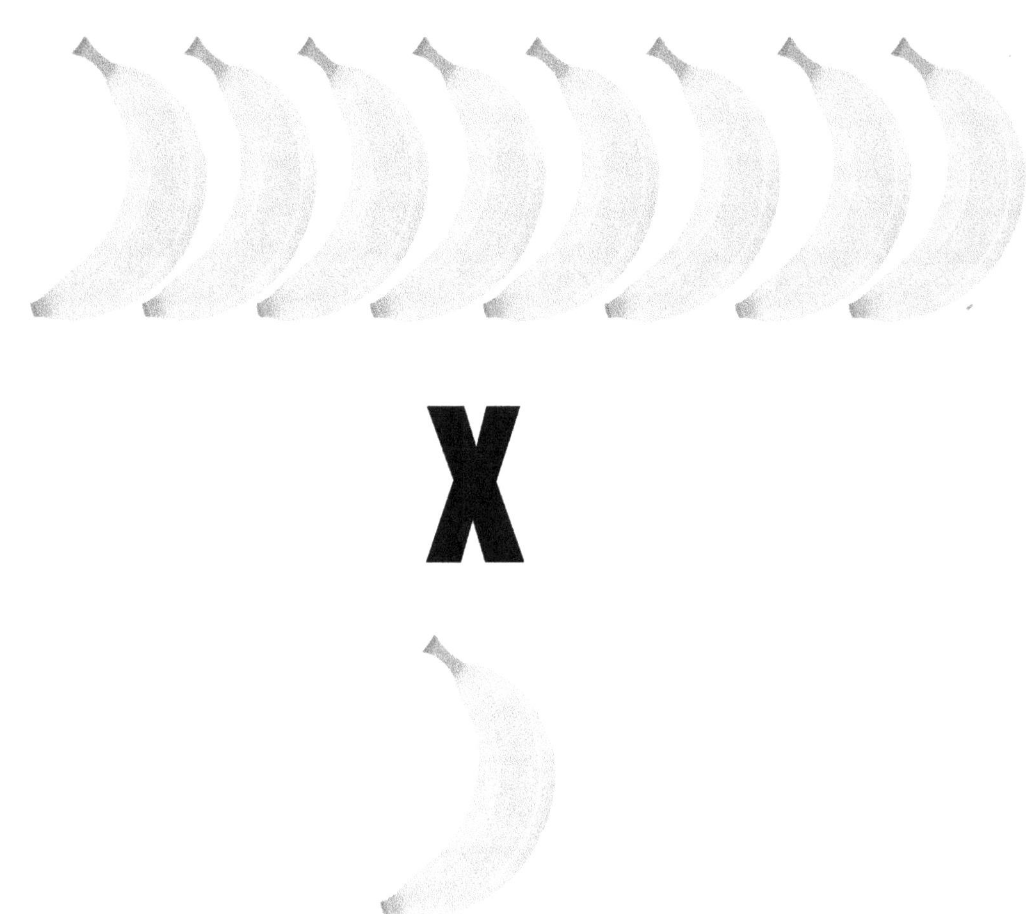

X

= **8**

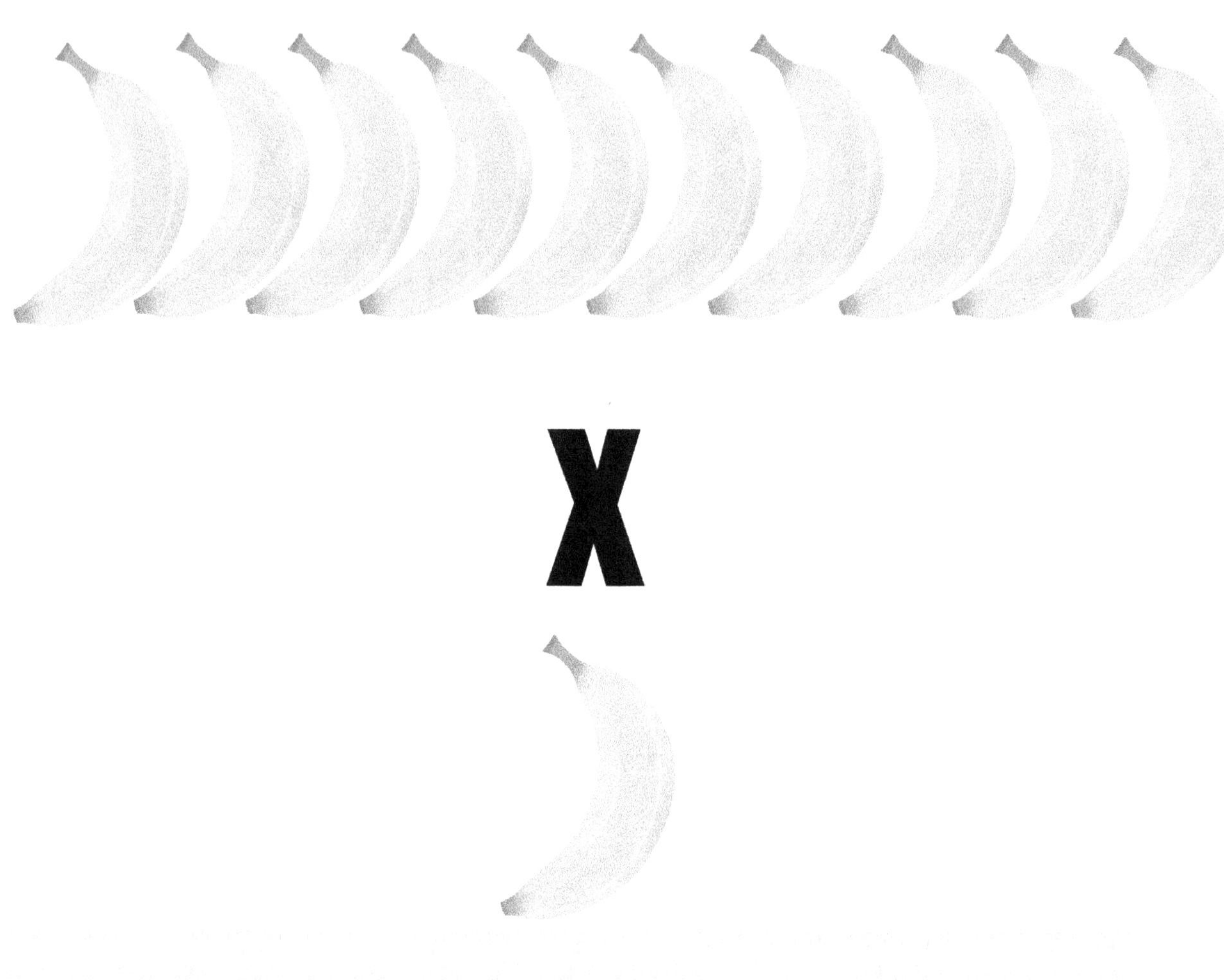
X
=
10

÷

= 1

÷

=

2

$\div$

$=$ **3**

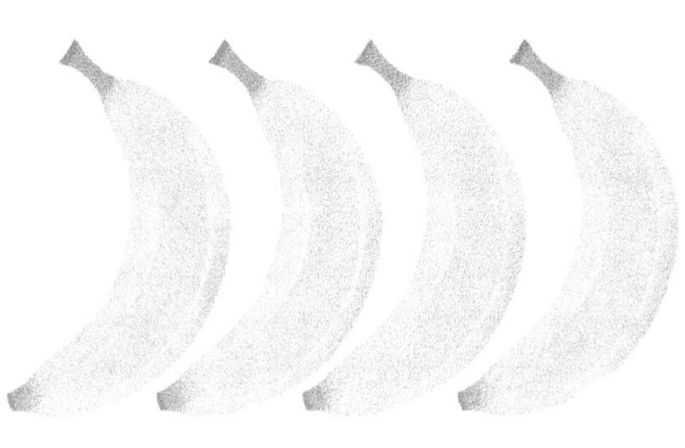

÷

= 4

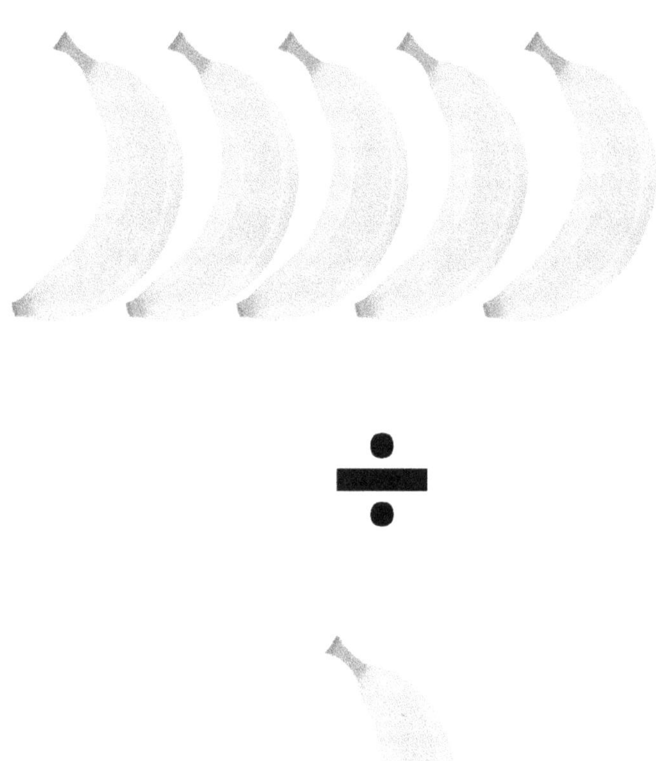

$$\div$$

$$= \mathbf{5}$$

÷

=   6

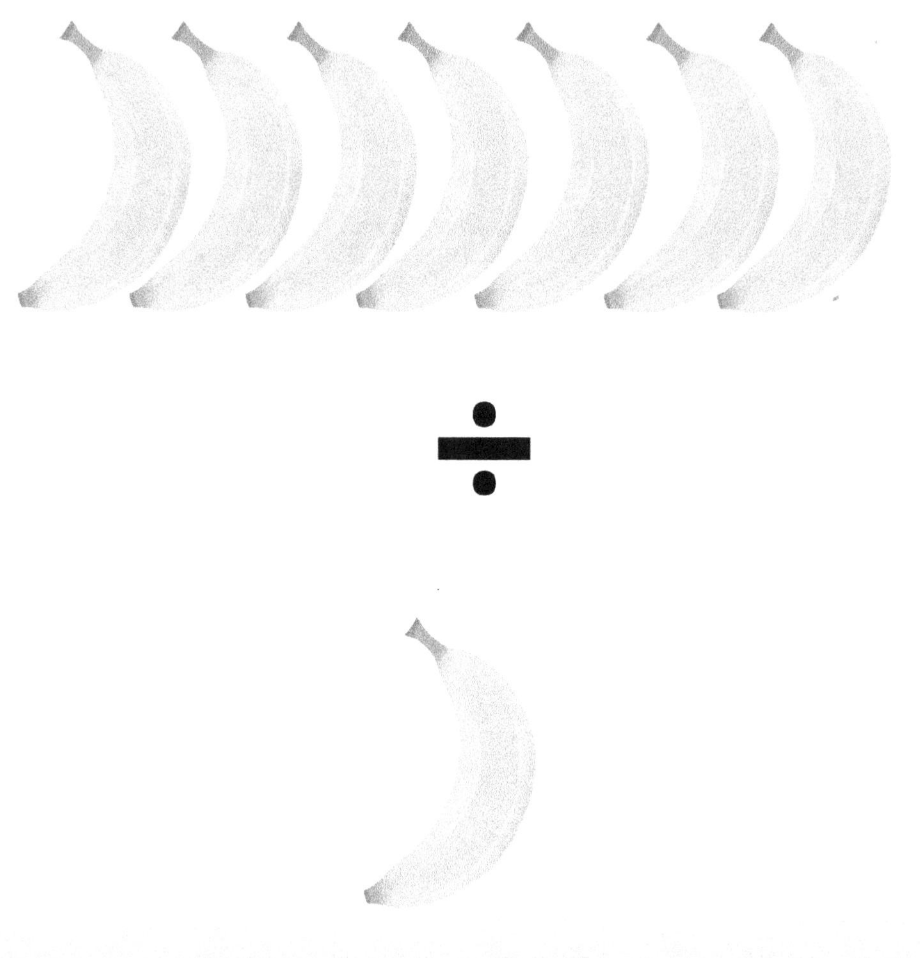

÷

= 7

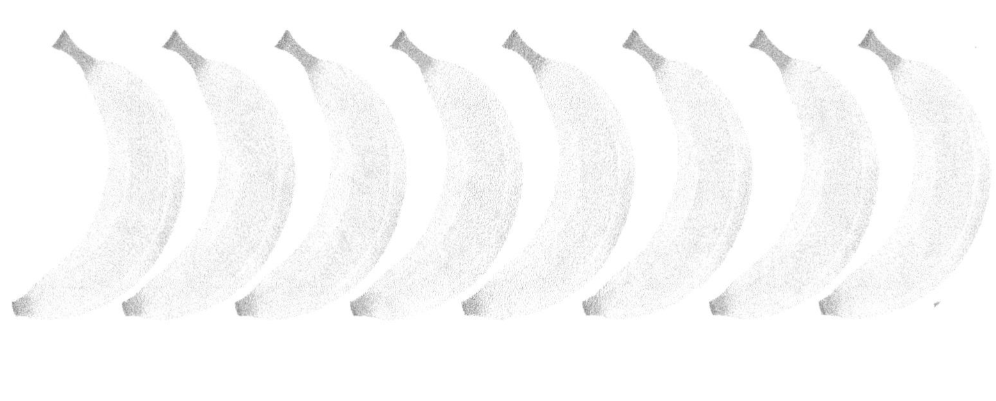

÷

= 8

÷

= 9

÷

= 10

www.ingramcontent.com/pod-product-compliance
Lightning Source LLC
Chambersburg PA
CBHW080301180726
47999CB00018B/2773